视觉景观色彩系列

城市照明设施
色彩设计

韩鹏 著

中国林业出版社

《视觉景观色彩系列》丛书编委会

主　任：宋维明
副主任：张继晓
委　员（按姓氏笔画排序）：

于文华　于志明　兰　超　严　耕　张志强　张继晓

李　雄　李铁铮　邵权熙　陈　劭　陈建成　黄心渊

主　编：张继晓
编　写：张继晓　程旭锋　韩　鹏　冯　乙

图书在版编目（CIP）数据

城市照明设施色彩设计 / 韩鹏著. — 北京：中国林业出版社，2012.4
ISBN 978-7-5038-6487-2
Ⅰ.①城… Ⅱ.①韩… Ⅲ.①城市公用设施－照明设计 Ⅳ.①TU113.6

中国版本图书馆CIP数据核字(2012)第022079号

策　　划　邵权熙　李　惟
责任编辑　李　惟　贾培义　印　芳

出版发行　**中国林业出版社**(100009　北京市西城区德内大街刘海胡同7号)
　　　　　E-mail：Jia-peiyi@163.com　电话：(010)83227584
　　　　　http://lycb.forestry.gov.cn
经　　销　新华书店
制　　版　北京美光制版有限公司
印　　刷　北京华联印刷有限公司
版　　次　2012年5月第1版
印　　次　2012年5月第1次
开　　本　889mm×1194mm　1/12
印　　张　11印张
定　　价　60.00元

在浮躁的商业时代，同质化严重已经成为中国设计界的弊病所在，而不经沉淀就声色俱厉充斥我们的城乡空间，呈山呼海啸般地泛滥。"设计师"必须坚守阵地，用执着和理想，维系着自己对于情境、意境的最初梦想。我们被允许探索，却不应苟同浮躁现实，虽不能称之为尽善尽美，但坚持用灵魂深处的责任、热情，净化、升华我们对生活、对美的认识。

设计事理学指出"为人的设计"强调的不是占有、炫耀，而是人物关系和谐带来的幸福感。这种"幸福感"就是设计所探寻的"意境"，这样的产品是人们认同的、信任的、愿意使用的，从而能够提升人们的生活质量。"意境"的产生来源于产品或服务符合特定人群的生活方式。生活方式是特定的人群惯常经历的"事系统"与"意义丛"。而这里的"事"，意味着特定时空下，人、物、环境之间的特定关系，也即"情境"。

基于创新产品研发的用户研究，目的在于理解与"产品使用"相关的用户态度和行为，洞察其潜在需求，从而指导设计定位。而用户的态度、行为并不是孤立存在的，而是发生在特定的"情境"之中，因此研究人员需要深入"情境"中解读用户。

产品与人的互动不仅在使用的过程中，更在于使用之后，在人的心中形成的情感体验和价值判断。这种沉淀在用户心中的良好感受，体现了设计所引导的价值观，是设计最终追求的"意境"。它的产生源于产品符合特定人群的生活方式，也

就要求产品具有相应的针对性。

情境研究的关键在对事件产生"条件性"的分析。这种分析是建立在大量背景信息的基础之上的。事理学认为，"行为"是统一在一定的历史、民族、地域、时空之下的，正是这些外部因素的限制使得"行为"的发生具有意义。

设计作品放在一个公共环境中，它就不再是一个"好看"的概念，它是一个社会的合理性。而放在美术馆里面，就只是要欣赏的，而放在环境里，则要关注参与特定时代、特定环境的目的、环境中人的行为、以作品与环境之"物境"，与特定的时代、特定的环境、特定的理念一起构成一个整体的"情境"，来影响、引导人们的动作、行为的改变，使其沉淀成为意义和价值，升华为"意境"。

《城市导视系统色彩设计》、《城市照明设施色彩设计》、《城市交通设施色彩设计》和《城市交通工具色彩设计》等册为集的《视觉景观色彩系列》丛书，正是基于探讨设计呈现在对造型、色彩、材料、工艺等"物境"的组织上，但其功夫却在"物"之外，在对"情境"的研究中。"情境"是组织"物境"的出发点，"意境"是"情境"的归宿。希望设计同仁和学子们能从这套丛书中感悟设计的真谛。

柳冠中

2012年2月28日

发展中的城市照明设施色彩

　　城市的出现，是人类走向成熟和文明的标志，也是人类群居生活的高级形式。一般而言，人口较稠密的地区称为城市（city），包括住宅区、工业区和商业区，并且具备行政管辖功能。城市的行政管辖功能可能涉及较其本身更广泛的区域，其中有居民区、街道、医院、学校、写字楼、商业卖场、广场、公园等公共设施。

　　随着城市不断变化和发展，城市的照明系统在供人们日常工作、生活和娱乐享用与欣赏的同时，也承载着城市的历史，沉淀着城市的文化。

　　迅速扩张的中国城市都面临着一个共同的问题，那就是如何以有限的资源提高居民生活质量，实现可持续发展。在中国建筑及照明耗能的比重逐步上升的背景下，以节能为核心的绿色建筑、绿色照明已经成为中国设计师都在推行的趋势。来自美国自然资源保护委员会的可持续专家莫争春博士介绍，通过降低城市碳排放使城市达到"可持续的精明增长"，已成为世界城市规划界的主流话题。在1996年，飞利浦照明先行提出City · People · Light（即"城市、居民、灯光"）的理念（简称CPL理念），描绘出灯光下人与城的文化意蕴和连接。2009年新年伊始，CPL理念登陆中国。在CPL理念中，每个城市都有自己独特的性格，而灯光就是让这一性格得到凸显的工具，使城市更具有可辨识度和增加居民对城市的认同度。

　　城市的照明系统具体的表现载体为：城市的广场、街道、公园绿地、住宅区、旧城中传统的街区、诸多的纪念性、标志性建筑、繁华商业区，以及在其中发生的人类各种活动等。城市的照明设施以前是以功能性照明为主，随着城市的发展和人们生活水平的不断提高，人们对城市照明的关注和要求也越来越高，越来越具体。时至今日，城市照明除了功能性照明之外，更加注重体现城市的人文环境、城市品位、科学节能、商业价值等，满足现代国际环境下城市发展的需要。

城市的色彩、城市的肌理感觉已经成为设计师宏观考虑的基础理念。街道交错相连而成的线，广场形成的点，以及景观区域，共同构成了城市的色彩和肌理。现代的照明技术和媒体广告带来了闪耀多变的基础照明设施、广告牌和铺天盖地的海报，它们将城市变成了一堆大杂烩，让城市显得越来越紧张，越来越浮躁。在城市居民的意识中，它们显然会被解读为混乱的信息。如果不从宏观城市设计的角度推出新城市色彩理念、新城市绿色照明理念的话，人们很容易会产生不安感，被城市中繁复的霓虹所淹没。当代社会人们生活由白天的工作时间和晚间的娱乐时间两部分组成。城市规划师们对此应作出有效的设计回应。我们需要更加缜密地设计我们的城市环境，创造并应用更新的设计理念和方法。在新能源标准下，更新我们的城市照明系统，使其更加合理、节能、现代，更加体现人文关怀。

城市照明设施的色彩作为城市环境色彩当中重要的一环，可以起到改变人们视觉环境的催化作用，赋予不同城市、不同地区、不同环境视觉的新感受。在城市照明环境中寻求功能性与艺术性最完美的平衡。

目录 CONTENTS

Color design
Urban lighting facilities

Part **1**
城市照明设施
色彩设计概述

城市照明设施含义

照明设施是指用于城市道路（含里巷、住宅小区、桥梁、隧道、广场、公共停车场等）、不售票的公园和绿地等处的路灯配电室、变压器、配电箱、灯杆、地上地下管线、灯具、工作井以及照明附属设备等。

照明灯具一般按照造型、结构和用途三方面分类。在这里我们从城市角度出发谈照明设施，主要指的是室外的照明设施及相对应的灯具及光源。

根据城市的特点，我们将城市照明设施的分类主要依据定为城市用途。

按照用途，城市照明设施大致分为以下几类：

1. 城市街道路灯（Road lamp；Street light），泛指提供道路或交通照明的灯具。

2. 城市广场照明灯（Square light），泛指提供广场功能照明、景观照明、装饰照明的灯具。

3. 城市重点建筑及桥梁照明灯（Landscape architecture light），泛指提供建筑及桥梁外立面照明的灯具。

4. 城市商业娱乐街区功能及装饰照明灯（Commercial entertainment street function and decoration light），泛指提供商业及娱乐服务特色街区的功能及装饰照明的灯具。

5. 城市标志性载体照明灯（City landmark carrier light），泛指为体现城市历史、文化、特色或重大事件等标志性载体提供照明的灯具。

1. 上海陆家嘴金融区的路灯
2. 商业区的装饰灯
3/4. 具有城市历史、文化特色的照明灯
5. 护栏柱头上的照明灯

城市照明设施色彩设计的发展与变化

色彩和造型一样都是设计语言。

城市色彩，是指城市公共空间中所有裸露物体外部被感知的色彩总和。

城市色彩由自然色和人工色（或称为文化色）两部分构成。城市中裸露的土地（包括土路）、山石、草坪、树木、河流、海滨以及天空等，所生成的都是自然色；地上建筑物、硬化的广场路面及装饰，交通工具、街头设施、行人服饰等，都是人工产物，所生成的都是人工色。

一位城市规划专家有一句名言："让我看看你的城市面孔，我就能说出这个城市在追求什么文化"。

每一个城市都以它不同的色调、形体与特色带给人们不同的感受。

城市的色彩是一种系统的存在，完整的城市色彩会确定主色系统以及辅色系统。有各种建筑物和其它物体例如城市基础设施路灯等的固有基准色，也有包括城市广告和公交车辆等流动色，以及包括街道点缀物及窗台摆设物等的临时色。

最早体现城市灯具色彩的就是应用比较早的照明设施——路灯。

在现代化都市里，路灯除了明亮之外，还要好看、妩媚、动人。路灯，已经不再是夜间单一的照明工具，而是彰显城市活力、时尚、文化的若干微小因子。从这些因子里，可以看出这个城市的过去和现在。

1. 20 年代路灯
2. 50 年代路灯
3. 70 年代路灯

路灯，穿越历史的城市标志

清朝末年，路灯在中国的城市中出现，至1907年、1908年、1920年、20世纪五六十年代，其间，城市路灯发生了很多故事……

一个世纪前的中国太原，当许多城市的人们还没听说路灯是个什么东东时，太原城街头已经亮起来了。当时的路灯是石油灯和瓦斯灯（太原人称之为煤气灯）。这样的路灯，在今天看来太不值得一提了，但在当时却是奢侈品，并不是满大街都有，而仅存于政府衙门口以及部分大户人家、大商户门前的一小段路上。虽然光亮微弱得像萤火虫，但彰显出城市达官显贵人家的时尚之风。清朝末年，第一批路灯——石油灯和瓦斯灯成为城市时尚。

路灯和路有很大关系。太原市城市照明管理处维护科副科长刘涛对太原路灯的历史熟稔于心，"清朝末年，由于西方文化的输入，太原城内的街面有了变化，部分主要官道和商业街道铺设了少量石板路和灰渣路面。与此同时，出现了路灯。据老人们口耳相传的路灯样子是：位于大概一米多高的木杆顶上，上面有一小木盒，盒子四周镶着玻璃，盒里放着一盏灯。每到掌灯时分，更夫们便提着灯笼，来到街上，打开小木盒，挨个给路灯添油、打气、点燃。等到黎明时分，更夫们再逐一将路灯熄灭。"

1/2. 80 年代路灯

在接下来的几年中，陆续有了发电机，路灯有了白炽灯泡，但很多老百姓初次见到电灯会远远躲开，以为是个怪物。后来国内的一些商会建起了自己的电灯公司，供城市的商行及街道照明，路灯开始以群体的方式出现在人们的视野中，但主要出现在军政衙府地区、商业闹市、官商住宅区、公共场所及火车站等地段，至于一般的街道小巷和贫民区还是漆黑一片。

20世纪50年代左右，城市中的路灯建设开始如火如荼，大中型城市路灯的安装数量都在几千盏以上。这一数字意味着城内大街小巷的路灯普及率已经达到了一定的规模，但造型和色彩还基本上出于结构和材料的需要而直接的应用。一般是在普通的粗木电线杆距离地面三到四米高的地方，探出一盏弯的搪瓷喇叭口外罩的白炽灯泡，光色耀眼，一般为黄色调。

到了60年代，路灯开始有了一定的改变，很多路灯被换成了水泥杆大柱型的组合灯。后来随着高压汞灯光源的出现，路灯的灯光比原来的白炽灯亮了很多，但更加省电耐用。灯罩的形态也跟着发生变化，不再是单一的碗状。

进入80年代以后，又出现了一些新的光源，比如第三代光源钠灯、金卤灯等。路灯的造型和色彩也随之丰富起来。这些路灯除了让城市亮起来以外，还被赋予了城市美化的功能。从20世纪90年代开始，路灯的造型及色彩开始结合城市文化特色。

高楼大厦固然摩登，新天地固然时尚，但是建造在一个世纪乃至几个世纪之前的那些爬满枝蔓或外墙斑驳的老房子、老弄堂、老学校……以及那些老工具、老装饰更加令人入胜、着迷。虽然很多都已经不符合现代人的居住及使用要求，但它们的结构、式样、材料和颜色搭配，反映了当时的建筑工艺和人们在生活情趣上的审美观。像上海这样的具有深厚文化底蕴和众多历史古迹的国际化大都市，对老建筑老物件的保留、怀念以及再开发一直是城市发展的重心之一，比如表现在上述这些场合中的路灯设计中。

田子坊位于上海市泰康路210弄，泰康路是打浦桥地区的一条小街，1998年之前这里还是一个马路集市，自1998年9月区政府实施马路集市入室后，把泰康路的路面进行了重新铺设，保留原有的建筑及工厂，定位成特色街。在有些建筑的外立面，几十年前老的路灯样式被再利用，在田子坊里面，人们享受着老上海弄堂的韵味以及现代艺术的百种风格。

上海田子坊
在田子坊有些建筑的外立面，几十年前的老路灯样式被应用，人们在感受这里现代艺术风格的同时，也从路灯中品着老上海弄堂的韵味

1/2. 上海东昌路老式路灯

3/4. 苏州老街边的路灯

再比如香港，都爹利街虽然只是一条位于高楼大厦中的小巷，但是在小巷的尽头却隐藏着两样有过百年历史的古迹——石阶和煤气街灯。

连接都爹利街与雪厂街的石阶以花岗石筑成，约建于1875～1889年期间。都爹利街石阶于1979年被列为法定古迹，石阶两端栏杆的石柱上安装了四只古老的煤气街灯，是香港仅存的煤气街灯。

煤气路灯的安装年份未能确定，这四盏煤气灯属于双灯泡罗车士打款式，并不太高，据煤气公司记载，煤气灯于1948年2月重开。全港其它地区的煤气街灯已被电灯逐渐取代，现只剩下这四支煤气灯柱仍矗立于繁华市中心。

香港政府曾与煤气公司商议将灯柱送往香港博物馆，后来决定保留于原处，并由煤气公司供应煤气及负责维修。昔日的煤气路灯，煤气工人每到傍晚时分持长竿点火，现煤气公司设置了自动开关。

由于这里的石阶与路灯各具特色，所以成了拍摄电影及平面的热门地点。

上海黄陂南路
一大会址后面的巷子里面，商铺外墙面上的路灯采用老式路灯的式样，与建筑和谐统一

1/2. 香港中环都爹利街石阶前的煤气（瓦斯）街灯
煤气街灯距今已有百余年历史，在高楼大厦林立的都爹利街，通过这些路灯，人们仿佛能从中看到一个世纪之前这里的样子

Color design
Urban lighting facilities

Part 2

城市照明设施的色彩

基础路灯设施的主色（基础色）

从九十年代初期开始，城市主要交通干道的两侧一般都会设置符合道路照明要求规范的高杆路灯。这类路灯造型简洁明快，不会设置太多的装饰，色彩干净清淡（一般以白色和灰色居多）。

这样的色彩可以让路灯看起来更加干净，减少日后清洁的成本；因为路灯在白天一般都不工作，所以清淡的色彩也可以让路灯更加融于周围建筑环境，不会显得太突兀，当夜晚处于工作状态时，路灯光源开启，即可照亮灯杆，也可以让灯杆在夜晚更加突出，强调出夜晚灯杆的位置；灰色及白色的色彩本身不具有明显的倾向性，不会干扰路人的视觉焦点。老式路灯的灯杆多为木质，后出现了水泥杆及合成金属杆，为了城市整体色彩的统一，路灯的颜色多选择了清雅的白色及金属灰。

灰色居于白、黑之间，浅灰性格类似白色，深灰性格接近黑色。从生理上看，它对眼睛刺激适中，既不眩目，也不暗淡，属视觉最不易感到疲劳的颜色。灰色也

陆家嘴环路路灯
灰色是其路灯的主色，与周围的环境相比，灰色基本上可以被路人忽略，"低调"地完成它的使命

1. 上海静安寺外的灰色路灯

2/3. 台湾街区路灯

采用灰白两色搭配，既不炫目也不暗淡，造型直中带曲、刚中带柔，有"儒雅"之气

给人以高雅、精致、含蓄、耐人寻味的印象，纯净的中灰色稳定而雅致，表现出谦恭、和平、中庸、温顺、模棱两可，能与任何有彩色合作，任何有彩色成含灰调时变得含蓄、文静。展览、展示常用灰做背景，衬托色彩的性格和情调。

灰又是最被动的色，受有彩色影响极大，靠邻近的色彩获得生命，近冷则暖、近暖则冷，有很强的调和对比作用（常见路灯色彩中灰色与彩色系的搭配）。

在商业设计中，灰色皆被男女接受，是永远的流行色。许多高科技产品，尤其和金属材料有关的，多采用灰色传达高级、科技形象。使用灰时，可利用它不同的层次变化组合或搭配其它色彩，来避免朴素、沉闷、呆板、僵硬的感觉。

灰色的应用非常广泛，在城市道路中这样的色彩基本可以被路人忽略，尤其在路段比较长、路面比较宽的城市主干道上更具推广性，很低调地完成了它的功能性需要。

上海延安西路高架桥下，沿路的高杆路灯也选择了传统的灰色系

1. 瑞典哥德堡路灯

哥德堡被誉为是瑞典"最美的城市"。城市中的每个细节都体现着北欧设计的现代、简洁风格。照明设施的色彩多选择了灰白色系，与城市街道路面的色彩相一致

2. 瑞典哥德堡教堂门前的白色系路灯

1/2. 上海世纪公园
路灯色彩与路面及园内公共设施相呼应，选择灰色既温和又现代，让这片城市绿洲在灰色的映衬下更显得珍贵
3. 上海市科技馆广场
路灯的颜色选择由浅灰向深灰自然过渡

上海体育场的灰色路灯

瑞士街道两边的灰色路灯

上海地铁 2 号线中山公园站外

商业区步行街外的路灯选择了灰白搭配。商业区色彩斑斓，路灯选择灰白两色较"低调"完成路灯的功能作用，不抢眼于商业区的其他颜色

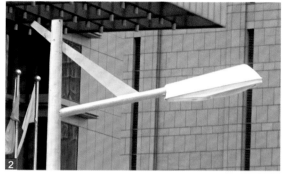

1/2. 上海陆家嘴金融区路灯

路灯造型线条硬朗，与周围建筑浑然一体。选择冷静的灰白两色搭配，与周围高楼林立环境的玻璃颜色、金属色相点缀，体现出了金融区的高级、效率及科技的形象

3. 辽宁省辽阳市胜利路

主辅路两侧双灯头灯杆选择灰白搭配，造型简洁，整体看起来具有平和的现代感

上海陕西北路
路灯的造型线条中多了些转折与装饰，配以灰色，
使路灯造型中的机械感得以突出，但又不会突兀
于周围的环境

上海张杨路路灯
花生形状的灯罩配以灰色，使得稍显俏皮的外形
多了份稳重

城市建筑、广场、商业街区等基础灰色系照明色彩

中国国际贸易中心第三期（China World Trade Center Tower 3）简称国贸三期，现在是北京最高的建筑，是全球最大的国际贸易中心。整体建筑气势宏大、宽敞明亮。高格调和创新理念的装修设计给人以庄严、典雅、心旷神怡的感觉。

这里的建筑在结构、效能的要求上是高规格、国际化的，风格与色彩侧重于

1. 北京国贸三期建筑外观

冷静、沉稳、商业、高端及精干。国贸三期作为CBD标志性建筑，其色彩设计将这一特点体现得尤为显著。耀眼明亮的灰色系是这一建筑环境的主色调，辅助照明设施的色调及光效也将灰色的效能发挥到极致。商圈中根据周围建筑的需要，路灯色彩多选择金属色。

2/3. 北京国贸三期首层建筑及照明设施

3

北京 CBD 商圈附近街道的路灯选择了金属色——
银色，以配合整个商圈高端、华丽的风格

极色（金属色）：指金、银、铜、铬、铝的颜色，也称光泽色。

金、银等贵重金属色，给人以辉煌、高级、珍贵、华丽、活跃的印象，象征权力和富有。装饰、实用功能较强。金色偏暖，银色偏冷；金色华丽，银色高雅。金色是古代帝王的颜色，也是佛教色彩，象征佛法光辉和超世脱俗的境界。

整体建筑背景以灰色系及金属色为主，门前装饰选择了冷静的白色配以金色的LED光晕照明。因为建筑为商圈内商业化的购物中心，除写字楼之外还包含购物、餐饮及娱乐消费场所，所以在冷静的灰色系当中配以商业味道更为浓重的金色系元素，但考虑到商圈内整体氛围不被打破，灯杆造型及颜色还是选择了与灰色系接近的冷静的白色。

北京 CBD 国贸商圈财富购物中心门前装饰路灯白色配以金色的 LED 光晕照明，商业味道更为浓重，以迎合购物中心商业化的氛围

城市照明设施的基础色+自然色

在新形势下，随着我国城镇化水平的不断提高，城市规模不断扩大，城市道路建设得到了进一步的细分和规范，城市照明设施的设计及应用更加细致，除了具有照明设施显著的功能性之外，还赋予了更多城市语言的符号，色彩应用也发生了一定的变化……

传统路灯在原有造型的基础上，灯罩的色彩在悄然发生变化。最简单和直接的一种应用是将自然界中象征环保、明朗、活泼、热情的色彩应用于灯具外表。

城市中所有地上建筑物、硬化的广场路面，以及交通工具、街头设施、行人服饰等等，都是人工产物，其色彩都是人工色，而人们更多地期待看到土地（包括土路）、山石、草坪、树木、河流、海滨以及天空等这样的自然色。因此，路灯的色彩应用更多地选择了以自然色为主调的设计，以倡导人们对自然及生态的认知与保护。

路灯色彩中对自然色的选择以蓝色、白色居多，因为大部分路灯背景就是蓝天和白云，所以为了让路灯色彩融入周围环境而选择蓝、白搭配，一般为白色为主点缀蓝色。

1. 上海浦东新区
杨高南路道路两旁的高杆路灯，蓝白搭配，简洁、清爽、不繁琐
2. 辽宁辽阳河东新区
蓝白两色的搭配还有效地区分了不同的路灯部件

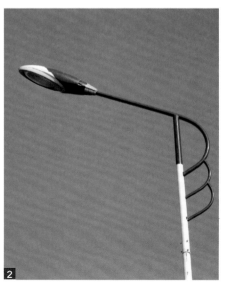

上海市杨高中路
白色灯杆，蓝色灯罩，蓝白点缀在周围环境中

江苏省泗洪县街道路灯

为了体现县城迅猛的发展速度及经济实力，在路灯的造型和色彩的选择上都进行了精心设计。造型上体现出刚劲有力的机械感，色彩上体现出积极向上的远航精神。路灯色彩对自然色的选择参考了周围的环境，所以绿色也是常见的路灯色彩之一

商业照明中对蓝色的应用

在商业照明中，对蓝色的应用比较广泛，这与蓝色的自然属性有很大的关系。

因为蓝色非常纯净，通常让人联想到海洋、天空、水、宇宙。纯净的蓝色让人感到美丽、冷静、理智、安详与广阔。由于蓝色沉稳的特性，具有理智、准确的意象，在商业设计中，强调科技、效率的商业氛围喜欢使用蓝色。另外，蓝色也代表忧郁，这是受了西方文化的影响，因此，蓝色也运用在文学作品或感性诉求的商业设计中。

蒂芙尼享誉世界的蓝色礼盒代表着卓越的品质，而礼盒中世人梦寐以求的蒂芙尼珠宝则象征着品牌深厚的历史底蕴和不懈的奉献精神，正是它们奠定了蒂芙尼作为世界顶级珠宝品牌的地位，为世人带来各种美轮美奂的珠宝和礼品，成为美好生活的象征。

为人所熟知的蒂芙尼蓝是蒂芙尼的颜色商标，它源自一种美国罗宾鸟蛋的颜色，即Robin's egg blue。罗宾鸟，在西方传说中叫做知更鸟，是浪漫与幸福的象征；在东方神话中叫做青鸟，代表着有情人终成眷属。罗宾鸟所传递的讯息仿佛伴随着罗宾鸟蛋蓝一起赋予了蒂芙尼，近两个世纪以来，蒂芙尼驾着它的蓝色马车，给人们带去了无尽的惊喜。

传说在1837年，蒂芙尼店刚刚开幕时，有位客人要将店里的商品作为礼物送人，并要求包装高雅一些。蒂芙尼创办人查尔斯在试过许多颜色之后，最终挑中了罗宾鸟蛋蓝做底，再配上白色缎带的设计。罗宾鸟蛋蓝在19世纪的维多利亚时代是优雅高贵的象征，这正与蒂芙尼商品所传承的卓越品质相匹配。再加上蓝色盒子与白色缎带的包装大受欢迎，于是从蒂芙尼创立之初，罗宾鸟蛋蓝就成为了蒂芙尼品牌专用色，也成为了名牌史上最传奇的颜色。

蒂芙尼旗舰店的外立面照明设施将自然蓝色忧郁与贵族的特质发挥到了巅峰，是蓝色应用于照明装饰的典范。

Tiffany 北京旗舰店

店面的外墙由玻璃和金属材质打造而成，恢宏壮观，其设计灵感源自钻石切面。外墙上的"蒂芙尼蓝"和凹槽纹理的透明玻璃相得益彰，炫目的灯光照明设计更为外墙增添了光彩，与店内精美的蒂芙尼珠宝相映成辉

1. 北京五道口华联商厦门口的蓝色路灯

2. 北京三里屯 Village 橱窗广告照明设施冷色的 LED 照明配以蓝色基底广告，充分表达了品牌想表达的广告诉求。蓝色代表博大胸怀，永不言弃的运动坚毅精神，维护和谐世界的理念。喜欢蓝色的人性格上沉着稳重，而且诚实，很重视人与人之间的信赖关系，能够关照周围的人。也体现了该运动品牌的人文关爱

3. 上海某影院中厅中蓝色的照明效果
因为蓝色特有的沉思、宁静、深邃的特质，在影院环境的照明设施中应用蓝色效果不言而喻

上海外滩蓝色地灯照明设施
蓝色的应用体现出了城市的清爽与宁静

香港青衣站地铁入口
蓝色装饰照明设施冷静、效能与谦和的特质

GAP店面的蓝色装饰来源于品牌LOGO的色彩，此类色彩应用较为广泛。根据品牌主色来装饰店面照明的应用较为简单，效果也比较直接。

北京王府井步行街 GAP 店面
店面蓝色照明与品牌 LOGO 的色彩一致

基础道路照明设施中的绿色应用

　　绿色使人联想到大自然的美丽，总是洋溢着勃勃生机，象征着繁荣、年轻与希望；绿色是优美抒情的色彩，绿意浓浓的植物令人赏心悦目，有益于身体健康，缓解视觉疲劳，给人安宁、清爽的感觉……

上海西藏中路
与周围建筑风格一致的老式路灯造型，配以柔和的粉绿色，凸显出上海这座中西合璧的世界都市的自然娇媚

上海吴宝路的莲花路灯

每个灯头都像是一朵含苞待放的莲花。莲花出污泥而不染，它洁净、清纯、馥郁，没有枝干，花朵昂头傲视，这些品质使莲花成为纯洁的象征。突出了吴宝路整体环境的清新淡雅……

杭州万松岭路
路灯的背景为大面积的嫩绿、翠绿、墨绿……不同阶段植物的绿交错分布。作为公共设施的路灯，为了融于环境又区分于环境，所以选择了略带粉的春绿。春绿色"spring green"，清新、淡雅，兼具城市的信息科技感

杭州西湖青少年活动中心
灯杆的绿色中掺杂了白色与灰色，使灯杆的绿弱
于周围环境的绿色植物，同样亮度大于周围环境
的绿色植物，既与环境相融又有区分

天津古文化街作为津门十景之一，一直坚持"中国味，天津味，文化味，古味"的经营特色，以经营文化用品为主。古文化街内有近百家店堂，在门面建筑装饰中除彩绘故事画外，另树一帜的是砖、木雕刻装饰。内容广泛，多数带有浓郁的民俗气息和吉祥喜庆寓意。

天津古文化街两旁的路灯在传统西式路灯造型的基础上，选择了偏重自然色彩的翡翠绿，以体现古文化街对中国传统文化的传承与弘扬。

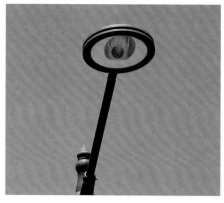

天津古文化街边路灯
选择偏自然的翡翠绿，体现出古文化街对中国传统文化的弘扬

商业照明设施对绿色的应用

在完全被商业包围的大型购物中心，为了缓解人们的视觉疲劳，商城选择了白、绿相间的装饰照明灯具。白色+绿色给人们带来了新鲜与户外的感受。

1. 上海某咖啡门店外墙的装饰照明灯具
   传统纹饰配以嫩绿色衬底，体现了咖啡店的品位与风格
2. 北京一家商城内的绿色装饰照明灯具

因为服务项目为休闲餐饮，所以选择了偏暖色系的黄绿色作为照明灯饰主色。

黄绿色，即黄色与绿色之间的过渡颜色，具有黄色的温暖和绿色的清新。黄绿色时而能够表现出自然的感觉，时而能够表现出未来虚幻的感觉。原本这两种印象之间有很大的差异，但黄绿色就像穿越时间隧道那样能够自由自在地表现出这两种截然不同的感觉。

春天处处都是清新柔美的气象，嫩芽般的黄绿色成为体现春季的最佳色彩，用黄绿色装饰照明，给整个餐厅带来了活力，如同春天的明媚。

上海市日月光美食广场西龙纤味店
内绿色照明设施

北京建国门同仁堂门店
装饰照明设施体现了北京同仁堂是国内最负盛名的老药铺。在 300 多年的风雨历程中，历代同仁堂人始终恪守"炮制虽繁必不敢省人工，品味虽贵必不敢减物力"的古训，树立"修合无人见，存心有天知"的自律意识，造就了制药过程中兢兢小心、精益求精的精神。红、绿两色相撞，既传统又大胆，正因如此，门店也显得鹤立鸡群，脱颖而出

北京三里屯商区

鳄鱼店店面的绿色商业照明。除表达品牌 LOGO 色彩以外，也体现了当下人们对绿色生活的向往与追求。"鳄鱼"店面的装饰色彩来源于品牌 LOGO 的色彩绿色。根据品牌主色来装饰店面照明的应用较为简单，效果也比较直接

上海某社区外路灯
采用橙白两色搭配，非常具有活力

橙红色系照明设施的应用

橙色是界于红色和黄色之间的混合色，又称橘黄或橘色。

橙色是自然界中太阳的色彩。

橙色是欢快活泼的光辉色彩，是暖色系中最温暖的色。

橙色作为暖色系中最温暖的色，它使人联想到金色的秋天，丰硕的果实，是一种富足、快乐而幸福的颜色。橙色稍稍混入黑色或白色，会变成一种稳重、含蓄又明快的暖色，但混入较多的黑色，就成为一种烧焦的色；橙色中加入较多的白色会带来一种甜腻的感觉。

城市路灯的色彩在选择蓝、绿、白这些冷静平和色彩的同时，也会选择一些比较跳跃的颜色，例如橙色、红色、黄色等……

灰色+橙色

灰色与橙色在色调和风格上属于完全不同的两种色彩，一般在表现都市摩登、时尚的事物中常出现这样的色彩搭配。

橙色+白色

橙白搭配是最能体现青春、运动、活力的两色。

在自然界中，橙柚、玉米、鲜花果实、霞光、灯彩，都有丰富的橙色。因其具有明亮、华丽、健康、兴奋、温暖、欢乐、辉煌、以及容易动人的色感，所以一般商业繁华地及女性消费者聚集地喜以此色作为装饰色。

上海徐家汇路两边的高杆路灯

选择了橙、灰两色搭配。徐家汇是位于上海市徐汇区的高知名度地区和商业中心，此地区电脑市场分布密集，商品十分丰富，消费群体广泛，因此徐家汇也成为上海地区年轻及白领消费群的购物聚集地之一。在这样的街区公共设施的建设和设计都会侧重年轻、时尚的风格特点，所以造型简单的路灯色彩选择了灰、橙两色

北京三里屯VILLAGE坐落在东三环朝阳区商业繁华地段，在三里屯VILLAGE，艺术是流动的，遍布在这里的大街小巷，总是不经意地体现在细节里。从根本上讲，"三里屯VILLAGE"本身代表的是一种人文风尚汇，这里一切以人为核心，让人们在此除了享受美食、购物和自在玩乐外，还可以创造艺术和引领时尚。

这里的建筑是日本前沿建筑设计师隈研吾领衔设计，三里屯VILLAGE的19座独立的建筑，采用了大胆的动态用色和不规则的立体线条，开放的空间加上点缀其中的花园、庭院，以及四通八达的胡同，营造出一种引人入胜的全新格局。

作为基础设施的电梯间通道，是体现这一建筑特点的平台之一，在用色及照明设施设计上都充分发挥了大胆、动态的特点，选色以亮眼的橙红色系为主，搭配整体建筑的灰色系，在动态的跳跃中彰显其时尚的品味。电梯间墙壁上装饰着具有照明功能的不规则环形光环，丰富了大面积橙色带来的压抑感，让墙面及空间氛围产生了动态层次感。该创意借助光和色彩的帮助，令宾客忘记自己身在一个不那么令人舒服的封闭的空间里，消费者在这里可以感受到VILLAGE每个细节设计的精心与独到。

动态色彩的变化，从橙色系过渡到红色系。红色系墙面上点缀的照明设施由橙色系中的圆环过渡到正方形照明块，配套照明设施中路灯的色彩与建筑环境色彩相融合，选择了时尚百搭的灰色系。

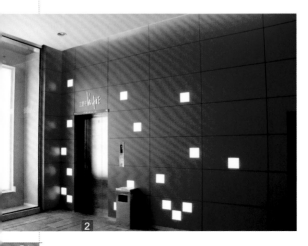

1. 北京三里屯 VILLAGE 电梯间通道
VILLAGE 所特有的生活理念和文化，给人们带来一种独一无二的潮流体验
2. 三里屯 VILLAGE 红色系电梯间及通道口

店面装饰照明设施是体现店内装饰气氛的重要表现物件。上海田子坊老街边的一家特色小店，为了引起路过的游客的注意，选择了彩度与明度都很高的橙色和黄色。这样的色彩还能表现出店主人对待顾客的热情和亲和、阳光和体贴。

1/2. 上海田子坊内门店
红色墙面搭配的橙色照明灯具
3. 上海田子坊店面装饰
橙色与黄色装饰照明设施

橙红色系的装饰照明，应用在商厦的入口，体现出了商业区的兴旺与繁华，营造出了热情迎客的服务态度，高刺激性的色彩也能加快消费者的心跳，产生更多消费的冲动。

北京五道口华联商厦中厅照明设施

中国红——城市照明设施中的应用

红色在中国有着特殊的意义。红色是中华民族最喜爱的颜色，甚至成为中国人的文化图腾和精神皈依。中国人近代以来的历史就是一部红色的历史，承载了国人太多红色的记忆。

中国红吸纳了朝阳最富生命力的元素；采撷了晚霞最绚丽迷人的光芒；蒸腾着熊熊烈火的极温；凝聚着血液最浓稠活跃的成分；糅进了相思豆最细腻的情感；浸染了枫叶最成熟的晚秋意象……

北京前门商业街
"中国红"店内装饰及照明设施

中国红意味着平安、喜庆、福禄、康寿、尊贵、和谐、团圆、成功、忠诚、勇敢、兴旺、浪漫、性感、热烈、浓郁、委婉；意味着百事顺遂、驱病除灾、逢凶化吉、弃恶扬善……

所以在城市照明设施里面为了体现中国传统文化、体现中国民族精神，很多灯具不但选择了中国传统图案的造型，而且配以中国红作为装饰色彩，这已经是全世界公认的中国特色。

1. 上海南京东路

食品商场内照明灯具是传统的中国红灯笼

2. 中餐馆店内红灯笼照明灯具

日本东京浅草寺
路灯选择了耀眼、浪漫的玫瑰红。红色的鲜明与醒目在其他国家和地区也有体现

高彩度及高明度的色彩在城市照明设施中的应用

　　城市照明设施当中使用彩度及明度较高的颜色，目的一般都是比较鲜明的，这种色彩都具有较明确的象征意义，体现环境及照明体的特点。

上海陆家嘴商务区
造型现代简约的路灯选择了孔雀蓝的色彩，为整个商区沉闷、冷漠的氛围增添了一丝清新

街区不同的路段选择了同样造型的路灯，但为其搭配了不同的色彩，包括橄榄绿、中国红、柠檬黄。橄榄绿：深沉、稳重、灰度柔和；柠檬黄：鲜亮、清新、亲和细腻；中国红：传统、吉祥、富足安康。

1. 苏州某商城外墙装饰照明设施
高彩度色块的拼接——时尚、年轻、打破沉闷的体现
2. 北京华侨城乐购超市门口彩色块照明设施
生动、趣味、时尚。

北京广渠门内大街
街区不同的路段选择了同样造型的路灯，通过不同的色彩来区分

深圳美食街两侧的彩色多灯头路灯

深圳美食街以其繁华、喧闹、美味而著称，人们
在这里休闲餐饮、聊天、享受生活。所以照明设
施在色彩的选择上采用了多彩色系，更加烘托了
美食街的热闹和喧嚣

以建筑结构为依托的照明设施色彩

　　为体现建筑结构的美感，照明设施所表现出来色彩往往是彩度及明度较高的色系。

　　明亮的金黄色直线型装饰照明设施与整体建筑结构的风格遥相呼应，金黄色与银白色相搭配，既华丽又现代，既简洁又极具装饰效果。

上海新天地围廊内照明设施
华丽、现代，简洁又极具装饰效果

瑞典斯德哥尔摩的瓦萨沉船博物馆内的照明设施

瓦萨沉船博物馆是瑞典众多博物馆中一座独具特色的博物馆，它是专为展览一艘从海底打捞上的瓦萨号沉船而建立的。"瓦萨"号战舰不仅是世界上被打捞起来的最古老和保存最完整的战舰，而且是一个巨大的艺术宝库，船上装饰的各种精美雕饰，表现了在 17 世纪文艺复兴晚期影响下瑞典流行的巴洛克艺术风格。所以这座博物馆的建筑及装饰特点也围绕着沉船上的艺术品风格采用富丽的金黄色系，照明设施结合建筑顶棚及地面的装饰结构，配合柔和的白色灯光，赋予展品经久不衰的韵味

挪威卑尔根酒店建筑门厅前的照明设施
照明设施完全依托于建筑的结构来布置和设计色彩，达到了建筑结构与灯效的完
美结合

上海外白渡铁桥红色照明设施
红色的照明效果不但突出了桥体建筑结构的美感，同
时也烘托出了大都市夜晚的奢华与迷离

城市照明设施色彩中的文化特色

　　城市是凝固的文化，城市建设没有文化特色也就没有了吸引力，在城市建设中，增加文化含量才是真正意义上的城市建设，要注重传统文化的承接、开掘、融合与发展。合理汲取和利用历史传统文化，把其作为丰富城市内涵，提升城市品位，塑造城市形象，增强城市竞争力的重要手段。

　　所以在城市公共设施的设计与开发上，很多城市打出了文化特色牌，在颜色的选择上也紧扣文化特点，做到文化与色彩相辅相成、和谐统一。

案例一：中国赤峰

　　赤峰，内蒙古自治区下辖的地级市。中华第一龙的故乡、红山文化发祥地、历史悠久的塞外名城。赤峰是一个以蒙古族为主体、汉族为多数，共有30个少数民族居住的地区，总人口452.77万，其中蒙古族人口占19.3%，汉族人口占73%，其他少数民族人口占3.7%，是内蒙古自治区人口最多的地级市。

　　红山文化是赤峰地区出现的第一次文化发展高峰，是以农业为主，兼有牧、渔、猎并举的原始文化。

　　赤峰有着自己的市徽。玉龙原型设计为金黄色，位于图案中心，体现中华民族崇尚龙的特点和赤峰悠久的历史渊源及古代文明。龙头上长高扬，姿态飘逸，从绿色大地和红山腰部跃起，象征赤峰市各族人民崛起振兴，永远向上的精神。龙型恰好与赤峰市拼音首字字母c吻合。

　　赤峰也是一座拥有独特迷人自然风光的塞外名城。广袤的赤峰大地，蕴藏着十分丰厚的旅游资源。赤峰草原辽阔秀美、碧草如海、鲜花怒放、百鸟争鸣、牛羊遍野，是距北京最近最美的内蒙古草原。美丽的大草原，是蒙古族的聚集地，有"北方文明之源，塞外生态大观"之美誉。

　　为体现城市文化特色，设计者在城市公共设施路灯的设计及色彩上充分应用其文化符号。在长期的生产生活实践中，蒙古族人形成了自己独特的色彩爱好。从当今蒙古族人传承下来的色彩爱好来看，蒙古族人尊崇和喜欢的基本色彩是白、蓝（青）、红三种颜色。这里主要介绍白色及其与之搭配的色彩。

纯白色

　　白色蒙古族语称"查干"，作为蒙古族人心目中最美好、最吉祥的颜色之一，人们对它的爱好几乎无所不在（包括路灯色彩的选择）。

　　很多村落取名为"查干"，人名中也多有"查干乎"（意为吉祥娃）之称。如今很多蒙古族群众仍保留有新年穿白袍，送白色礼物以示吉祥的风俗。在蒙古族礼节方面，最上层、最崇尚的礼节是献白色的哈达。蒙古族人喜爱吃的奶制品也是白色的。在居住方面，蒙古族人常以白色装饰蒙古包。在感受蒙古族民族风情的过程中，白色是留给客人印象最深刻的一种色彩。除此之外，蒙古族人还常将白色与其他一些颜色搭配。

内蒙古赤峰市某街道
路灯形态的设计源自市徽中的玉龙造型，色彩选择了当地人最为崇尚的白色。现代的城市街道，建筑，传承着民族特色文化

白色+草原绿

绿色象征着蒙古草原，周围建筑白色居多，整体环境为浅色系，能够衬托出天的蓝与树的绿。白色与任何色彩搭配都显协调，白绿搭配宛如百合花一样美丽、素淡、和谐、率真。

白色+橙黄色

蒙古族在其工艺品、饰品以及服饰中经常可以看到橘红色，路灯当中选择的橘红色，与前面的白色及白绿相间形成明显变化，为不同路段提供更强的识别性，造型也随之发生变化。橙色在大自然当中最能传递自然气息，是既温暖又休闲的颜色。

无论从造型还是从色彩的选择上都可以感受到城市在追求一种积极向上的活力、欣欣向荣的城市魅力……

内蒙古赤峰市某街道

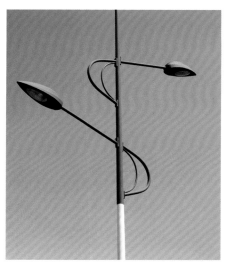

案例二：苏州

苏州物华天宝，人杰地灵，因其从古至今繁荣发达、长盛不衰的文化和经济，被誉为"人间天堂"，素有"丝绸之都（丝绸之府）"、"园林之城"的美称。苏州素来以山水秀丽、园林典雅而闻名天下，"江南园林甲天下，苏州园林甲江南"，又因其小桥流水人家的水乡古城特色，而有"东方威尼斯"、"东方水都（东方水城）"之称。现今的苏州已经成为"城中有园"、"园中有城"，山、水、城、林、园、镇为一体，古典与现代完美结合、古韵今风、和谐发展的国际化大都市。

以苏州园林为代表的传统本土建筑中所表现出来的建筑艺术和历史文化内涵，是西方建筑所无法比拟的。"粉墙黛瓦"，是苏州园林的典型色彩，那白、灰两色的建筑色彩掩映在"桃红柳绿"的大自然景色之中，体现出自然之趣，大多漆用广漆（天然漆的一种），这种颜色与周围颜色和谐统一，从而使人有一种"安静闲适"的感觉。到了花开的季节，相映成趣，把花衬托得更加"明艳照眼"，这种色彩心理感受得到了广泛认同。

苏州的城市公共设施设计一直被认为是体现城市文化特色的典范，与其园林建筑的特色相协调，城市文化符号无处不在。2007年11月初，苏州市规划局启动了苏州城市色彩规划。苏州建筑的色调主要是黑白灰，这种色调在视觉上的感受是简洁、宁静。

城市色彩规划在中国的兴起，是由于目前中国城市的同质化现象严重，城市大花脸，无统一识别系统。到达一座城市，首先映入脑海的就是火车站或机场，走过主要街道和广场，就会有了一个城市的整体感受。

江南多雨，苏州整个城市气质是比较淡雅的……苏州在做每一个建筑、每一个城市公共设施时都要考虑到苏州城的整体协调性。

苏州博物馆周围的路灯、建筑及公共设施

苏州火车站的照明设施

苏州街道两旁的路灯

苏州商业街金鹰商场
门灯及装饰灯，与城市淡雅的氛围相融合，即便是在繁华的商业街，路灯及装饰灯的色彩也一样典雅朴素

苏州同里古镇
各式古典的路灯，透出苏州骨子里的古典美

随着城市的发展，苏州扩充的新城区占据了城市的半壁江山，形成了新老城区的建筑及文化的鲜明对比。城市设立了不同的色带，不同的建筑及公共设施造型语言，力图做到新老城区不割断历史，但也不太过强求划一的设计。

苏州新区香格里拉饭店
周边公共设施及路灯

苏州新区
路灯造型与老区形成传统与
现代的对比，但色调依然选
择黑白灰以及比较清新淡雅
的颜色

21
北京前门大街街灯
其造型及色彩的设计都按老北京传统民俗风格设计

案例三：北京前门大街

北京前门大街是北京的著名商业街之一。位于京城中轴线，北起正阳门箭楼，南至天坛公园路口，与天桥南大街相连。明嘉靖二十九年（1550），建外城前是皇帝出城赴天坛、山川坛的御路，建外城后为外城主要南北街道。大街长1 600米，行车道宽20米。明、清至民国时皆称正阳门大街，民众俗称前门大街。

20世纪50年代初，前门大街一带共有私营商业基本户800余家。前门大街东侧从北往南有大北照相馆、庆林春茶叶店、通三益果品海味店、力力餐厅、天成斋饽饽铺、便宜坊烤鸭店、老正兴饭庄、普兰德洗衣店、亿兆棉织百货商店、前门五金店等店铺；西侧从北往南有月盛斋酱肉铺、华孚钟表店、庆颐堂药店、壹条龙羊肉馆、盛锡福帽店、公兴文化用品店、祥聚公饽饽铺、龙顺成木器门市部、前门大街麻绳店、前门自行车商店、前门信托商店等店铺。

1979年以后，在原有老字号商店和传统经营特色基本保留下来的同时，又陆续开设了五金、交电、服装、百货、自行车、食品、钟表、化工油漆等新店。

经过近百年的发展，前门大栅栏集中了绸布店、药店、鞋店、餐馆等数百家店铺和戏院。廊房头条、廊房二条曾是珠宝玉器市场；珠宝市街集中了二十九家官炉房，熔铸银元宝；钱市胡同、施家胡同、西沿河一带开设了许多钱市利银号；而王广福斜街、陕西巷等八条胡同则是妓院集中的地方，俗称"八大胡同"。到1928年，前门商业区开始走下坡路之前，大栅栏一带一直是老北京的商贾繁华之地，许多著名的老字号就发源于此，比如全聚德烤鸭店、瑞蚨祥绸布店、同仁堂药铺、六必居酱菜园等，直到今天仍然长盛不衰。

为配合整体建筑的风格及传统街区商业经济的需求，前门大街上的灯具无论从造型及色彩选择上都按照老北京传统民俗风格而设计，使得整条街区的文化特色体现得淋漓尽致。

前门大街街灯
形态丰富，仪态万千，但都透着浓浓的北京味儿

前门大街街灯

案例四：北京永定门

　　永定门是老北京外城7座城门中最大的一座。始建于明嘉靖时期，历经明清两代，于1957年被拆除，现存城楼为2004年重建。

　　永定门位于北京中轴线最南端，它的重建再次呈现了北京旧城城市完整的中轴线，在改造后做了大规模景观改造，建成大片绿地，具有良好的景观效果和历史价值。

北京永定门景区
镂空的精致雕花是这一景区照明灯饰的主要特征。主色为灰铜色调，与永定门的色彩统一协调，同时突出历史久远的沧桑感

案例五：南京1912酒吧街

"昔日总统府邸，今朝城市客厅"是"南京1912"的目标定位。

东西方时尚在这里交融汇聚，古典与现代文化在这里传承，南京1912是南京新崛起的高端休闲商业区。

南京 1912 酒吧街
东方与西方，古典与现代汇聚交融的典范

西方文化影响下的城市照明设施色彩

随着社会的不断变革，以及国际局势的变化，西方思想的融入，使得中国后期建筑增添了许多西方的色彩。可以说西方的建筑风格在过去很长一段时间包括现在都在中国的建筑中占据了一席之地。

1930年前后的中国建筑界有两点史实十分清楚。其一，在上海、天津、南京、武汉、青岛，以及在日本人侵占的大连、沈阳、长春、哈尔滨等地出现了现代建筑式样，或称"摩登式"、"现代风格"、"万国式"、"国际式"、艺术装饰风格、日本摩登等，其中包含有为数不多但较纯粹的现代主义风格的作品。其二，西方现代建筑文化及思想通过报纸杂志、建筑师的交流、建筑教育等方式在中国广为传播。

随着西方人在租界的日渐增多，西式建筑也越加增多。以至于上海英租界"布满了华丽的房屋"。这些建筑各依其所有人的嗜好而设计。其形式有的是仿希腊的庙宇，有的是仿意大利的王宫。到1866年，上海"夷场"也是"洋楼耸峙，高入云霄，八面窗根，玻璃五色，铁栏铅瓦，玉扇铜环"。

随着租界西式建筑的日益增多，其华丽美观的外表和大方实用的特色被华人所认识，西方住宅不仅节约地皮，而且有许多门窗，采光和通风良好。"其收光避湿种种，皆合于卫生之道"。当然，也不排除有些人纯粹的崇洋心理。于是，在通商口岸，一些华人开始仿造西式建筑。在天津，西式的小洋楼开始取代北方的四合院而成为当地居室建筑的新潮流；在青岛，"市内住屋多属欧式建筑"（《民社志五·生活》）。而由于西式建筑方式的传入，中国人的传统民居建筑也出现了新的变化特点。以上海为例，自19世纪70年代以来，"上海逐渐形成了花园洋房(独立住宅)、公寓住宅、里弄住宅和简易棚户四类民居建筑"。

伴随着西方建筑风格的蔓延，辅助于建筑与交通的公共设施也同样被烙上了西方的印记。

在色彩发展史上，宗教与色彩有着非常密切的联系，以世界三大宗教基督教、

西班牙塞维利亚的城市色彩

佛教、伊斯兰教最为突出。所以西方建筑及饰物的色彩也带有浓重的宗教意味。

黑色：代表暗夜、神秘、炭、严肃、刚毅、法律、信仰……

所以西方路灯既作为工具也作为装饰物，色彩以黑色为主，配以黄色（金色）、贵紫色、孔雀蓝等加以装饰。

金、黄象征虔敬和诚实；紫色代表着高阶层、贵族，公元10世纪东罗马皇帝君士坦丁七世降生于紫色襁褓，"紫色中诞生"后成为出生于皇室的代名词，"紫色门第"至今仍有王孙公子的意思；孔雀蓝等象征着空灵与神秘……

以西方著名旅游城市西班牙塞维利亚来看西方传统路灯色彩及造型

案例一：西班牙塞维利亚城市色彩与照明设施

塞维利亚（西班牙语：Sevilla），是西班牙安达鲁西亚自治区和塞维利亚省的首府，都市人口约一百三十万，是西班牙第四大都市。也是西班牙唯一有内河港口的城市。

塞维利亚的主要工业有造船、飞机和机械制造业，以及电器、石油化工生产也和棉毛纺织、卷烟与食品加工业等，是享誉世界的名酒"雪莉酒"的出产地，南部地区为交通枢纽，城侧保存有许多气势辉宏的古老建筑。文学巨著《唐·吉诃德》就写于该城，是著名的"弗拉门戈舞"的发源地，西侧则展现了动感实足的现代化都市风貌，绿化良好，街道宽阔、美观整洁，故旅游业非常兴旺，有横跨马加拉省的西班牙4大旅游区之一"太阳海岸"。

塞维利亚街道宽阔、美观、整洁，绿化较好，市内古迹颇多。

浮华，风流，热情，瑭璜成就了塞维利亚的性格。没有固定的主题，一切都有可能发生。深深窄巷，两旁是摩尔人风格的房屋，昔日阿拉伯古城的幻影依稀可见，任由你徘徊……

城市色彩以石灰白居多，掺杂许多清雅柔和的暖色，整个城市感觉传统、复古、浪漫、唯美……

塞维利亚城市街景
路灯色彩以传统的黑色为主

塞维利亚广场中传统灯具

塞维利亚广场
传统灯具色彩浑厚富丽

案例二：丹麦、瑞典城市色彩与照明设施

瑞典斯德哥尔摩建筑外的壁灯

传统黑色造型的灯具

1. 丹麦哥本哈根市政厅门前广场欧式传统灯具

2/3. 瑞典哥德堡市中心广场 欧式传统路灯

4. 丹麦哈姆雷特堡建筑外墙面上的壁灯，采用了传统的铜绿

色，古典、优雅

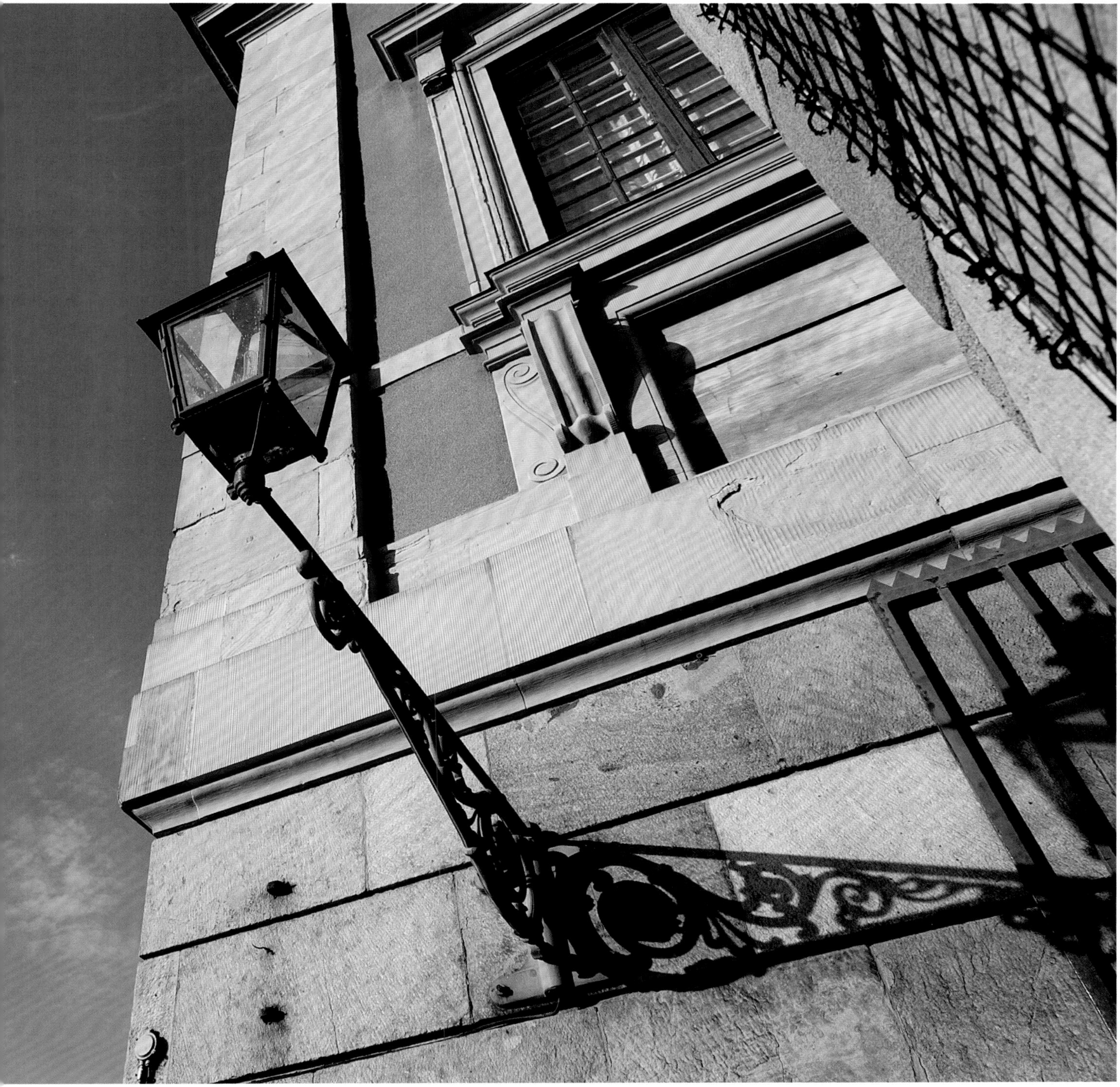

案例三：上海城市色彩与照明设施

上海某小区建筑装饰及公共设施，从建筑造型到色彩，都采用了西方的设计元素。伴随着西方建筑风格在中国的蔓延，辅助于建筑与交通的公共设施也同样被烙上了西方的印记。

1/2/3/4. 上海某小区内的路灯

同建筑及其他公共设施的风格一样，烙上了西方的印记

上海新天地是一个具有上海历史文化风貌的都市旅游景点，是以上海独特的石库门建筑旧区为基础改造成的集餐饮、商业、娱乐、文化的休闲步行街。中西融合、新旧结合，将上海传统的石库门里弄与充满现代感的新建筑融为一体。

因为新天地的建筑及商业氛围体现了浓郁西方风格，所以这里的路灯及装饰灯具大都选用了西式传统灯具的色彩及造型，整体街区风格协调统一

1. 上海雁荡路西式路灯为传统的黑色
2. 上海外滩结合西式建筑而设计的西式路灯
3. 上海静安寺珠宝古玩市场外的路灯

案例四：杭州城市色彩与照明设施

　　杭州是历史文化名城，几千年的历史文化积淀形成了"浓妆淡抹总相宜"的色彩之美，照明设施的色彩对于塑造城市特色，保护和延续地域文化传统有着重要的作用。

杭州海关大楼外西式路灯

天津古文化街附近路灯

天津滨江大道步行街上的路灯

案例五：天津城市色彩与照明设施

天津，简称津，地处华北平原，是环渤海地区经济中心、中国北方国际航运中心和中国北方国际物流中心，为中国第七大城市，经历600余年，特别是近代百年，造就中西合璧、古今兼容的独特城市风貌。

天津五大道

五大道拥有 20 世纪二三十年代建成的英、法、意、德、西班牙不同国家建筑风格的花园式房屋 2000 多所。所以路灯的色彩及造型都保留了西方特色。五大道现在仍保持着幽雅别致的风貌，来到五大道会可以让你感觉到远离了喧闹的浮华世界，像走进安静的万国建筑博物馆

案例六：日本城市色彩与照明设施

日本的城市色彩，主要考虑安全、节约等因素，但随着要求城市个性化的呼声加大，其色彩运用也越来越多变，特别是照明设施，是改变或丰富城市色彩的重要途径，因此广受重视。同时，日本也是亚洲比较早接受西方文化的国家，所以部分街区的路灯采用西方式样。

1. 日本东京银座外路灯

2. 日本横滨山下公园入口处路灯

不同风格城市群体环境下的照明设施色彩

每一个城市都以它不同的色调、形体与特色带给人们不同的感受。

城市色彩是与环境相互融合，长期形成的，所以各种色彩的应用贵在统一与和谐。城市当中的建筑、道路、桥梁等是城市的主导色彩，路灯作为城市公共设施之一，为体现这一城市色彩特色起到了辅助作用。

从19世纪中叶起，到20世纪的100多年间，中国建筑风格的变化是巨大的，其中既有与西方建筑风格平行发展的一般类型，也有受中国本土社会文化制约的特殊类型。而新内容、旧形式和中外建筑形式既共存又融合，既相辅又相对的状况，一直是近代建筑风格变化的主线，所以，路灯的造型及色彩也沿袭着这种风格变化。

不同城市和街区对于开放性、公共性有不同的要求，出现了不同风格的群体环境（如北京的CBD、上海的浦东新区、陆家嘴金融区等）。

上海浦东新区被定义为既有发达的金融贸易产业、又有先进制造业的多功能的综合经济中心区。金融、经济作为主体，先进、多功能、综合作为附体，赋予了这个区域特定的风格群体环境。

科技和高效能成为此类区域给人的第一感受，所以建筑、道路及公共设施都统一在这种风格当中，而体现这种风格的色彩要具备时代科技的烙印，所以我们经常可以看到IT企业惯用的灰色系；体现现代感的玻璃色、金属色；体现执着、沉稳、冷静的黑色、灰蓝等。

上海浦东新区杨高中路的路灯

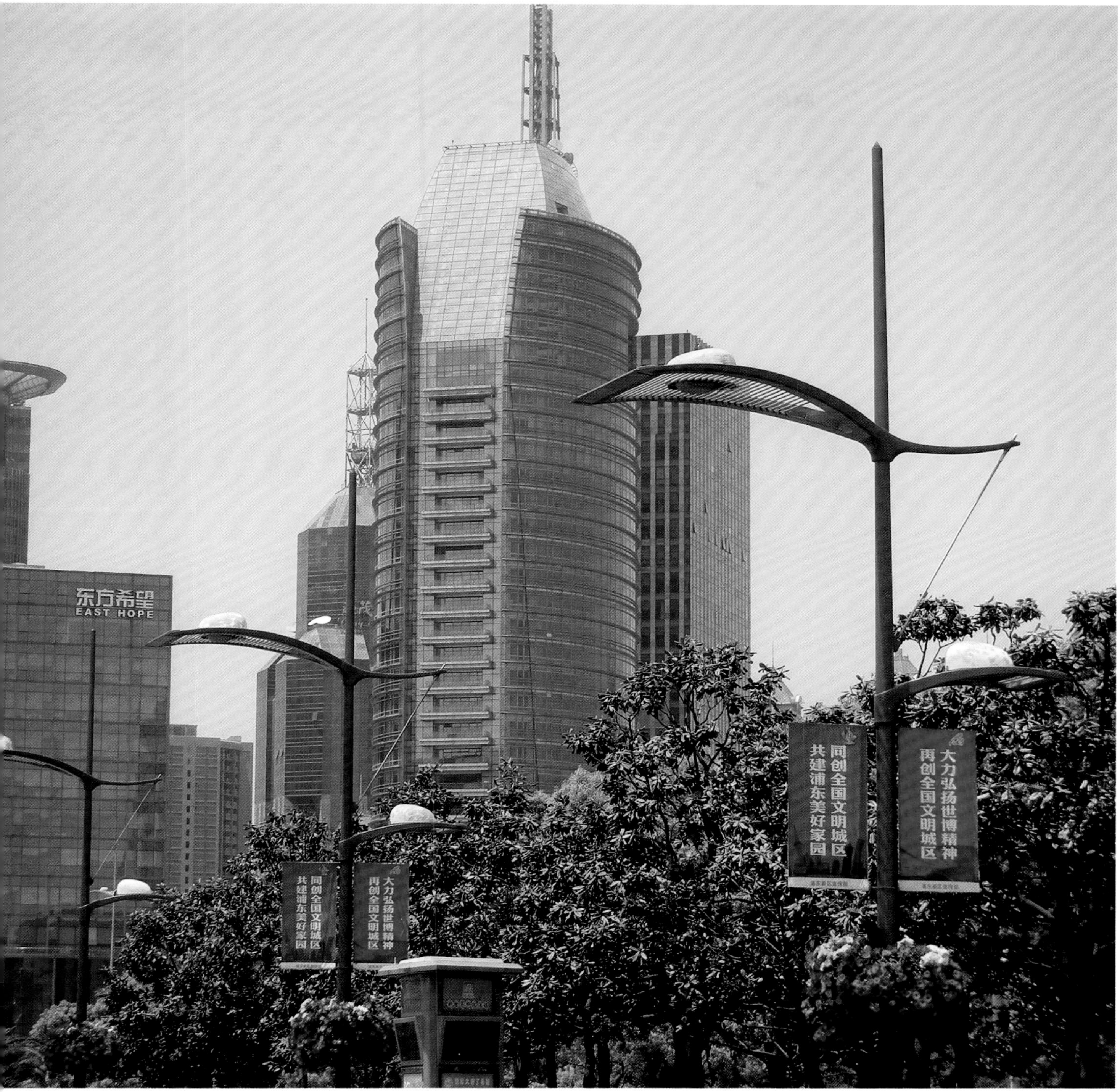
东方希望
EAST HOPE
同创全国文明城区
共建浦东美好家园
大力弘扬世博精神
再创全国文明城区

1. 路灯的色彩选择了与周围建筑环境相融合的灰蓝，沉稳、健康、悦动

2. 上海浦东新区
指示系统与路灯色调的协调统一

　　陆家嘴金融贸易区是中国上海的主要金融中心区之一。1990年，中国国务院宣布开发浦东，并在陆家嘴成立全中国首个国家级金融开发区。经营人民币业务的外资金融机构，必须在陆家嘴金融贸易区开设办事处，因此陆家嘴是不少外资银行的总部所在地。目前共有多家外资金融机构在陆家嘴设立办事处，所以，在这里路灯的色彩选择了体现现代、权威、富丽、科技的黑色、灰色及金色等。

上海陆家嘴中心绿地内的装饰灯及路灯

上海陆家嘴中心绿地内的装饰灯及路灯

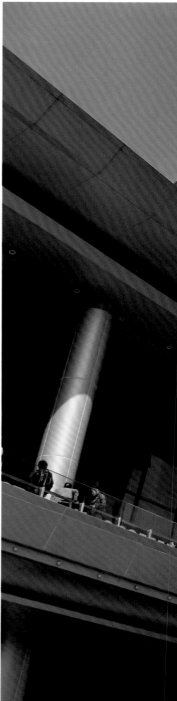

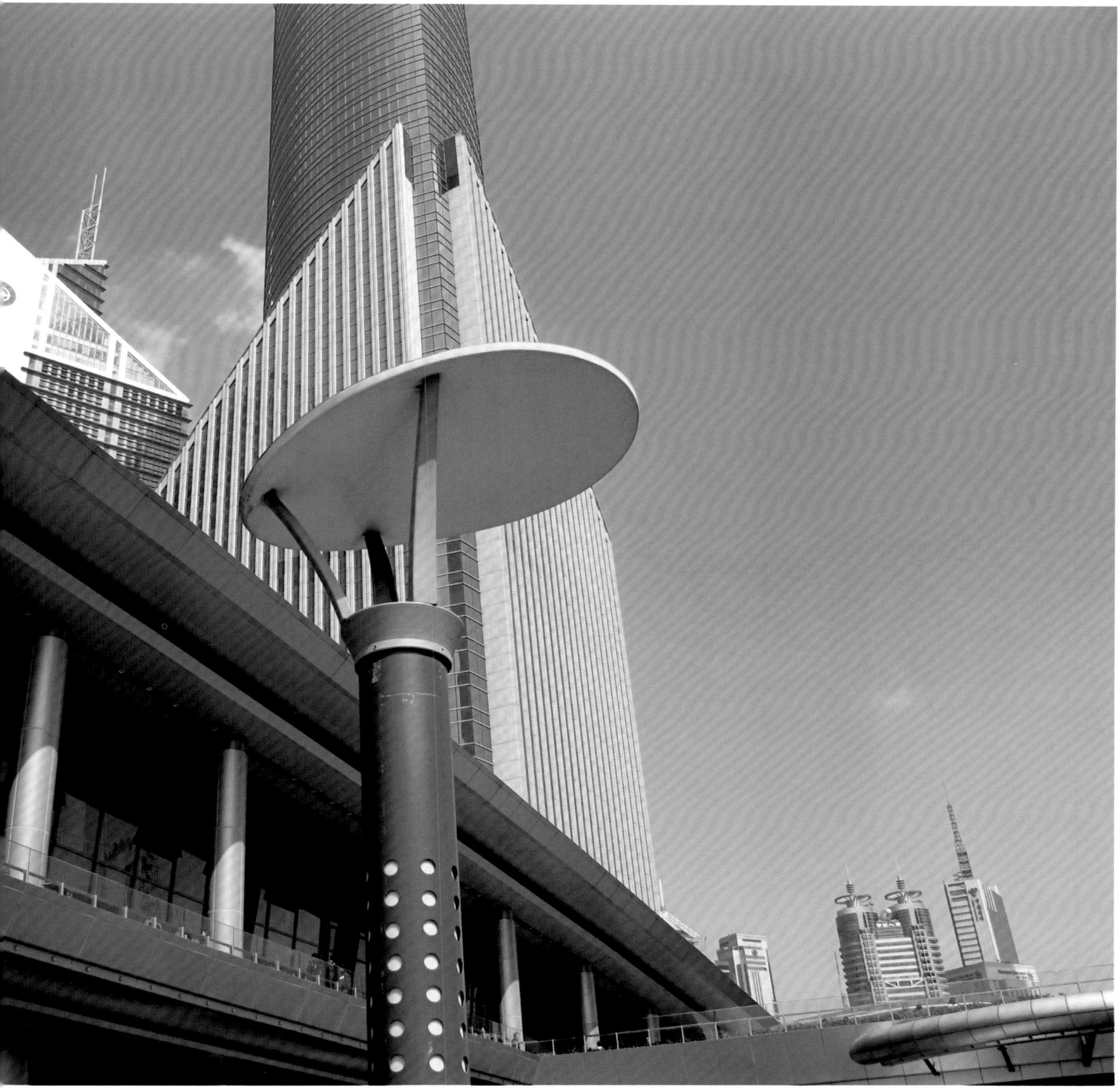

北京 CBD 国贸商圈 路灯

北京798艺术区位于北京朝阳区酒仙桥街道大山子地区，故又称大山子艺术区（英文简称DAD—Dashanzi Art District），原为原国营798厂等电子工业的老厂区所在地。

从2001年开始，来自北京周边和北京以外的艺术家开始集聚798厂，他们以艺术家独有的眼光发现了此处对从事艺术工作的独特优势。

他们充分利用原有厂房的风格（德国包豪斯建筑风格），稍作装修和修饰，一变而成为富有特色的艺术展示和创作空间。现今798已经引起了国内外媒体和大众的广泛关注，并已成为了北京都市文化的新地标。

所以，在798艺术区这样的群体环境下，路灯色彩以黑色及灰色系为主，造型简洁、硬朗，与周围老式厂房的色彩相得益彰。

北京 798 艺术区的路灯

国家体育场（"鸟巢"）是2008年北京奥运会主体育场。由2001年普利茨克奖获得者赫尔佐格、德梅隆与中国建筑师李兴刚等合作完成的巨型体育场设计，形态如同孕育生命的"巢"，它更像一个摇篮，寄托着人类对未来的希望。设计者们对这个国家体育场没有做任何多余的处理，只是坦率地把结构暴露在外，因而自然形成了建筑的外观。

场馆外的路灯造型借鉴建筑的结构和特点，色彩统一于建筑的风格。所以主色系为体现现代科技感的灰色系，并搭配了一些金属银色及铜灰色。

北京国家体育场"鸟巢"照明灯具

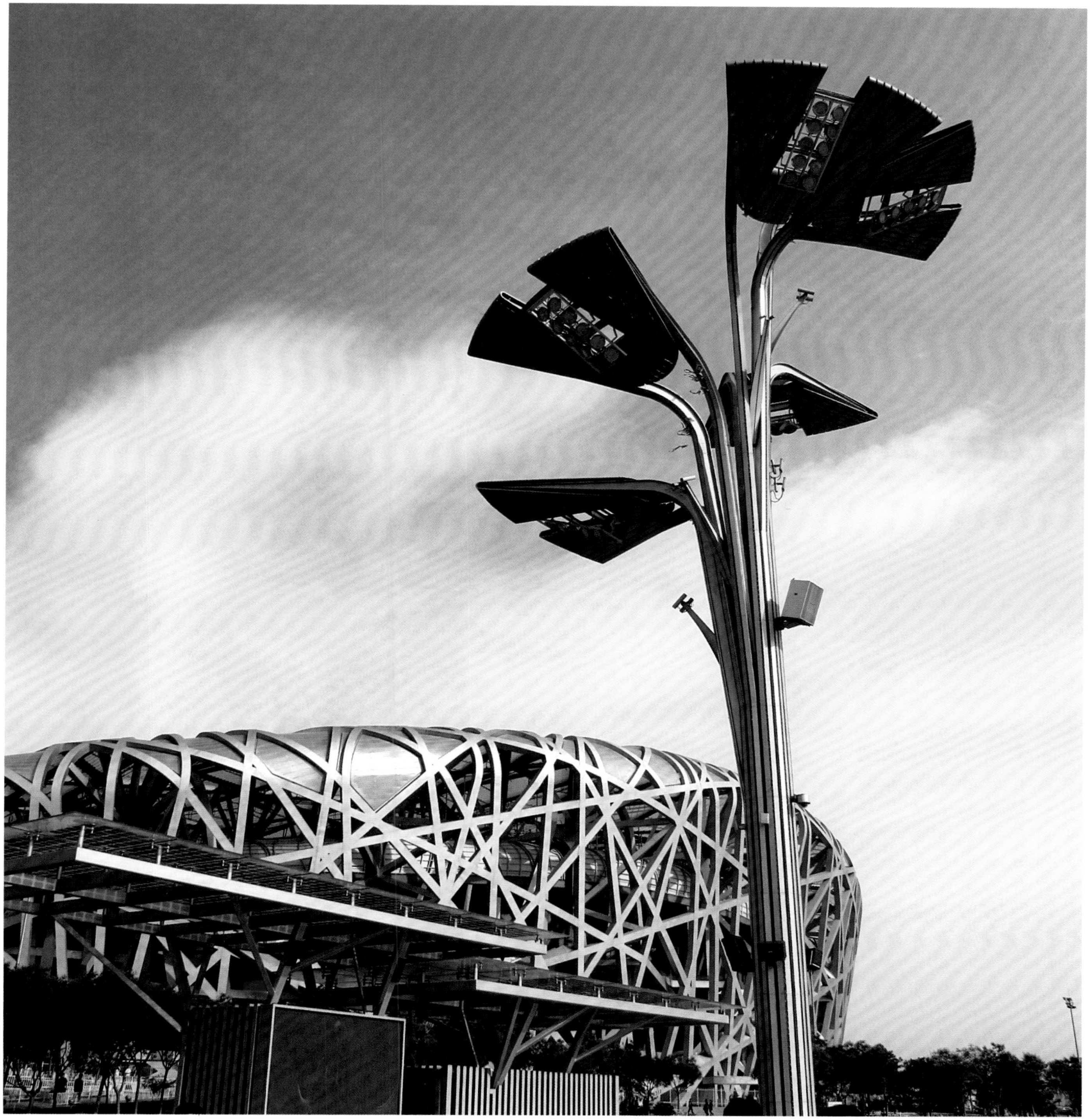

北京国家体育场"鸟巢"照明设施

北京通惠河

河边桥头灯根据河边建筑及绿化区需要而设计的桥头灯及路灯，色彩以稳健、
清幽的灰色、白色及黑色为主

上海浦东国际机场（SHANGHAI Pudong International Airport）是中国（包括港、澳、台）三大国际机场之一，与北京首都国际机场、香港国际机场并称中国三大国际航空港。

基于这样的影响力，在机场建筑及内部设施设计上，要充分体现出其科技、高效、节能、国际化的特点。照明设施的色彩贴近整体设计风格，以灰白为主，辅以带有灰白感的浅黄色装饰，更要体现出服务意识的亲和与周到。

上海浦东机场

照明设施充分利用建筑结构当中的天井采光，搭配造型简洁隐蔽的灯具，体现出高效与节能；用柔和的黄色系纱幔透过天光提供更亲和的暖色照明

日本成田机场

路灯深褐色，质朴、安全、大气、稳重